BEI GRIN MACHT SICH IHR WISSEN BEZAHLT

- Wir veröffentlichen Ihre Hausarbeit, Bachelor- und Masterarbeit
- Ihr eigenes eBook und Buch - weltweit in allen wichtigen Shops
- Verdienen Sie an jedem Verkauf

Jetzt bei www.GRIN.com hochladen und kostenlos publizieren

Bibliografische Information der Deutschen Nationalbibliothek:

Die Deutsche Bibliothek verzeichnet diese Publikation in der Deutschen National-
bibliografie; detaillierte bibliografische Daten sind im Internet über http://dnb.d-
nb.de/ abrufbar.

Dieses Werk sowie alle darin enthaltenen einzelnen Beiträge und Abbildungen
sind urheberrechtlich geschützt. Jede Verwertung, die nicht ausdrücklich vom
Urheberrechtsschutz zugelassen ist, bedarf der vorherigen Zustimmung des Verla-
ges. Das gilt insbesondere für Vervielfältigungen, Bearbeitungen, Übersetzungen,
Mikroverfilmungen, Auswertungen durch Datenbanken und für die Einspeicherung
und Verarbeitung in elektronische Systeme. Alle Rechte, auch die des auszugsweisen
Nachdrucks, der fotomechanischen Wiedergabe (einschließlich Mikrokopie) sowie
der Auswertung durch Datenbanken oder ähnliche Einrichtungen, vorbehalten.

Impressum:

Copyright © 2018 GRIN Verlag
Druck und Bindung: Books on Demand GmbH, Norderstedt Germany
ISBN: 9783668639065

Dieses Buch bei GRIN:

https://www.grin.com/document/412672

Renate Semmler

Konzept für ein vegetarisches Restaurant im Unterrichtsfach Ernährungstrends

GRIN Verlag

GRIN - Your knowledge has value

Der GRIN Verlag publiziert seit 1998 wissenschaftliche Arbeiten von Studenten, Hochschullehrern und anderen Akademikern als eBook und gedrucktes Buch. Die Verlagswebsite www.grin.com ist die ideale Plattform zur Veröffentlichung von Hausarbeiten, Abschlussarbeiten, wissenschaftlichen Aufsätzen, Dissertationen und Fachbüchern.

Besuchen Sie uns im Internet:

http://www.grin.com/

http://www.facebook.com/grincom

http://www.twitter.com/grin_com

Konzeptidee
für das Restaurant
„Regenbogen"

Gliederung

1 Ausgangslage
1.1 Intention   Seite 3
1.2 Persönliche Voraussetzungen   Seite 3

2 Überlegungen
2.1 Speisen und Getränke   Seite 4 - 5
2.2 Bezug zu Tieren   Seite 5

3 Kundenklientel   Seite 6

4 Lieferanten   Seite 6

5 Personalbedarf   Seite 7

6 Vertriebswege   Seite 7

7 Quellenangabe   Seite 8

1 Ausgangslage

1.1 Intention

Es gibt viele Gründe, auf Fleisch und tierische Erzeugnisse zu verzichten und immer mehr Menschen erkennen die Vorteile einer pflanzlichen Ernährung für die Tiere, die Umwelt und die eigene Gesundheit. Während 2008 laut nationaler Verzehrstudie nur 80.000 Menschen die vegane Ernährung auslebten, sind es in diesem Jahr bereits 1,3 Millionen. Das sind zwar nur rund 1,6 % der Bevölkerung, allerdings ist ein Aufwärtstrend deutlich erkennbar. Momentan sind viele Vegetarier und Veganer eher enttäuscht, wenn sie im Restaurant durch die grüne Karte stöbern, da es bisher an Vielfalt, Kreativität und Auswahl mangelt. Restaurants, die nur Pflanzenkost anbieten sind fast nicht vorhanden. Aus diesen Gründen ist es längst überfällig, den Markt zu erweitern und neue Ideen auszuleben. Die Gründer Lara Flora und Renate Fauna haben es sich zur Aufgabe gemacht, die Geschmäcker der Zukunft zu verändern, indem gesundheitsgefährdendes Fast Food durch abwechslungsreiche, möglichst naturbelassene Speisen ersetzt wird. Durch ein entwickeltes Buffetkonzept entstehen kaum Wartezeiten, das „Superfood-Restaurant" kann sämtlichen Imbissketten das Wasser reichen.

1.2 Persönliche Voraussetzungen

XY, die Hauptgründerin vom Restaurant „Regenbogen", hat eine Ausbildung zur Köchin abgeschlossen und bereits langjährige Erfahrungen im Berufsalltag der Küche und in leitenden Funktionen gesammelt. Der Posten als Pâtissiére verleiht ihr die Präzision und das Liebe zum Detail, das bei dem Konzept der Gemüsebar eine große Rolle spielt. Als leidenschaftliche Veganerin untermalen ihre Werte den Kern ihrer Geschäftsidee.

Die Mitgründerin YZ schloss ihre Ausbildung zur Hotelfachfrau ab und besucht momentan die Fachakademie für Ernährungs- und Versorgungsmanagement. Auch sie kann auf eine Berufspraxis in der Küche zurückgreifen. (Zeugnisse siehe Anlage) Durch ihr Engagement im betriebswirtschaftlichen Bereich und ihre Kenntnisse in der Lebensmittelkunde ergänzt sie sich optimal in die Stelle der zweiten Geschäftsleitung.

2 Überlegungen

2.2 Speisen und Getränke

Um die persönlichen Vorlieben jedes Einzelnen berücksichtigen zu können, wurde ein Buffetkonzept erstellt, dass es ermöglicht, sämtliche Zutaten miteinander zu kombinieren. Dadurch gibt es zahlreiche Varianten, sein Essen nach eigenen Vorlieben zusammenzustellen.

Die nachfolgenden Tabellen zeigen einige Beispiele.

Suppe			
Basiszutat	Gemüseeinlage	Flüssigkeit	Extrazutat
Kartoffel	Karotte	Gemüsebrühe	Nüsse
Süßkartoffel	Paprika	Sahne	Samen
Linsen	Brokkoli	Kokosmilch	Geriebener Käse
Kürbis	Blumenkohl	Joghurt	Chili

Hauptgericht (Gemüsebecher)			
Basiszutat	Proteinkomponente	Gemüsekomponente	Extrazutat
Vollkornnudeln	Tofu	Paprika	Käse
Wildreis	Bohnen	Zucchini	Nüsse
Quinoa	Linsen	Aubergine	Samen
Couscous	Kichererbsen	Karotte	Soßen
Amaranth	Käse	Champignons	Avocado

Dessert (Fruchtbecher)			
Milde Basiszutat	Fruchtkomponente	Soße / Flüssigkeit	Extrazutat
Banane	Waldbeeren	Joghurt	Kokosraspel
Mango	Ananas	Vanilleeis	Nüsse
Birne	Kiwi	Schokoladensoße	Zuckerstreusel
Apfel	Granatapfel	Sahne	Schokoladenstreusel

2.2 Speisen und Getränke

Die Getränkeauswahl beschränkt sich auf Wasser, reine Fruchtsäfte, Tee und Smoothies. Der beabsichtigte Verzicht auf Limonaden und gesüßte Erfrischungsgetränke spiegelt das Gesundheitsbewusstsein der Restaurantgründer wider.
Die Auswahl der Smoothies gleicht dem Buffetkonzept der Speisen.

Aus der nachfolgenden Tabelle werden einige Beispiele ersichtlich.

Smoothie			
Basiszutat	Fruchtkomponente	Fruchtsaft	Extrazutat
Banane	Kiwi	Orangensaft	Chia-Samen
Mango	Apfel	Bananensaft	Datteln
Avocado	Orange	Kirschsaft	Kokosflocken
Birne	Ananas	Apfelsaft	Kakaopulver

Auch die Teeauswahl beschränkt sich auf hochwertige Fruchtmischungen und Kräutersorten, z.B. Pfefferminze, Hagebutte und Grüntee.

2.2 Bezug zu Tieren

Das Restaurant verwendet Milchprodukte wie Ziegenkäse und Joghurt, um die Zielgruppe nicht einzuschränken und zu verkleinern.
Jedoch entstand der Gedanke, die Tiere mehr wertzuschätzen, die ihren Teil zum Konzept des Restaurants beitragen.

Ein partnerschaftlicher Bio-Bauernhof stellt die gewonnenen tierischen Produkte zur Verfügung und garantiert die artgerechte Tierhaltung. Begonnen mit einem angemessenen Platzbedarf für jedes einzelne Tier, über qualitativ hochwertige Fütterung, bis hin zu angenehmen Lebensbedingungen.

Der verantwortungsbewusste Umgang mit tierischen Produkten soll zur Nachhaltigkeit aufrufen. Diese Tierliebe schmeckt man.

3 Kundenklientel

Die Restaurantgründer XY und YZ wollen in erster Linie durch eine farbenfrohe Speisenauswahl den Geschmack der Kinder treffen und beweisen, dass Gemüse längst mehr ist, als nur eine geschmacklose Fleischbeilage.
Um die Ernährung der Zukunft zu beeinflussen, braucht es vorrangig das Interesse der Kinder von heute. Da besonders bei den Kleineren das Auge mitisst, stellt es eine Herausforderung dar, die Speisen bunt und appetiterregend aussehen zu lassen.

Auch die Jugendlichen werden als potentiell greifbare Kunden angesehen, da sie durch ihre Mitwirkung in den sozialen Medien einen großen Einfluss auf Ernährungstrends haben.

Eine der obersten Prioritäten ist es, jungen Menschen den Bezug zur Natur, die Verbundenheit mit Tieren und das Gefühl des eigenen Gesundheitsbewusstseins zu vermitteln.

Die Anzahl der ernährungsbedingten Krankheiten steigt jährlich, da die westliche Ernährung von Zucker, Fett und Zusatzstoffen geprägt ist. Die Idee hinter dem Restaurant „Regenbogen" ist, die heutige junge Generation davon zu überzeugen, wie einfach, kostengünstig und schmackhaft pflanzliche Kost sein kann.

4 Lieferanten

Gemüse, Obst und Salate werden 3-mal wöchentlich frisch von „Transgourmet" bezogen. Dabei werden Produkte aus der näheren Umgebung (max. 50 km Umkreis) bevorzugt. Gemüse und Obst, das mit Schale verzehrt wird (z.B. Zucchini und Birnen) kommt ausschließlich in Bio-Qualität auf den Teller.

Im Winter muss in wenigen Bereichen auf ausländische Ware zurückgegriffen werden, da die Produkte unverzichtbar für die Speisekarte sind. Ein Großteil der Zutaten richtet sich allerdings nach der Saison, was das Angebot im ganzen Jahr interessanter gestaltet.

Die tierischen Produkte (z.B. Joghurt und Käse) stammen aus einem partnerschaftlichen zertifizierten Bio-Bauernhof (geführt von Familie Schmidt), der 30 km vom Restaurant „Regenbogen" entfernt liegt. Hier werden wöchentlich die erforderlichen Vorräte geliefert.

5 Personalbedarf

Aufgrund der ausgewählten Theke in Buffetform bedarf es nur wenig Personaleinsatz. An der Kasse werden je nach Dringlichkeit zwei bis drei Mitarbeiter benötigt, da einer die gewünschten Speisen in einer Schüssel zusammenstellt und der andere die Gäste abkassiert. Die Küche besteht größtenteils aus einigen Kochplatten und einer Kühleinrichtung. Ein bis zwei Mitarbeiter sind dafür zuständig, das Gemüse und Obst in mundgerechte Stücke zu schneiden, während zwei weitere Mitarbeiter dafür verantwortlich sind, die gewählten Speisen zuzubereiten. Die Basiszutat (z.B. Quinoa oder Reis) wird bereits vorgegart und anschließend mit den gewünschten Gemüsezutaten gebraten.

Die Ausgabe erfolgt durch ein Selbstbedienungssystem, dass es ermöglicht, durch das Sparen an Personal die Preise für die Speisen trotz hoher Qualität niedrig zu halten. Das Restaurant öffnet täglich von 12.00 – 21.00 Uhr, dadurch ergibt sich ein einfaches Schichtsystem. Die Pausen werden zeitversetzt eingehalten, jeder Mitarbeiter darf sich sein Essen selbst zusammenstellen. Die Zufriedenheit des Personals spielt für die Restaurantgründer eine wichtige Rolle, um ein ganzheitlich gesundheitsbewusstes Image zu pflegen.

6 Vertriebswege

Um auf das Angebot aufmerksam zu machen, werden sowohl klassische Formen des Vertriebs als auch multimediale Möglichkeiten genutzt.

Als klassische Vertriebsmittel dienen:

- Flyer zur Auslage im Restaurant
- Werbetafeln vor dem Restaurant
- Speisekarten im Aushang
- Visitenkarten zum Mitnehmen
- Werbeanzeigen in lokalen Zeitungen
- Rabatte für Speisen an festgelegten Tagen
  z.B. grüner Montag – Brokkolisuppe günstiger erhältlich

Als multimediale Vertriebsmittel sind geplant:

- Homepage mit Tagesangeboten
- Facebook-Seite

7 Quellenangabe

https://www.gesundheit.de/ernaehrung/alternative-ernaehrung/vegetarisch/vegetarismus

http://www.ernaehrung.de/tipps/Vegetarismus/vegetarismus10.php

http://www.gruenderblatt.de/businessplan-muster-restaurant-616.htm

BEI GRIN MACHT SICH IHR WISSEN BEZAHLT

- Wir veröffentlichen Ihre Hausarbeit, Bachelor- und Masterarbeit

- Ihr eigenes eBook und Buch - weltweit in allen wichtigen Shops

- Verdienen Sie an jedem Verkauf

Jetzt bei www.GRIN.com hochladen und kostenlos publizieren